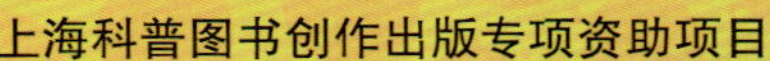

大洋钻探与海底观测

主编　汪品先

编著　吴自军

拓守廷

少年儿童出版社

序言

对于人类来说，深海总是个谜。地球表面的主体,其实是深海不是陆地：水深超过2000米的深海，占据地球3/5的面积，可是人类进入深海，只有几十年的历史。几千年来，都以为深海没有光线，没有运动，没有生命，只会有鬼怪。几十年来才知道，黑暗的深海既有运动，又有生命。海底的火山比陆地多好几倍，深海的地壳运动和地形起伏都胜过陆地：马里亚纳海沟的深度，超过珠穆朗玛峰的高度两千多米。

那么海洋深处，哪里来的能量？来自地球的内部。地球内部的核裂变产生着巨大的能量，而大洋地壳薄，这种能量最容易从深海海底释放出来，或者通过岩浆作用从海底溢出，或者把渗入地壳的海水加热以后再喷出来。喷出来的物质和能量滋养着古怪的生物群，它们见不得阳光、碰不得氧气。所以地球上有两种生物圈、两个食物链：你我生活靠的是有光食物链，靠叶绿素进行光合作用制造有机物，所以说“万物生长靠太阳”，能量的来源是太阳里的核聚变，也就是氢弹的原理；而深海海底里的“黑暗食物链”，依靠细菌的化学合成作用制造有机物，源头是地球内部的核裂变，也就是原子弹的原理。

于是人类发现了一个完全陌生的世界：尽管是一团漆黑的深海，却照样有海水流动、生物繁衍，只是和我们在地面、海面看到的大不相同。这还不算，海底下面还有水流、有生命，甚至于玄武岩石头里也有微生物长期生存，它们的新陈代谢极慢，是真正“万寿无疆”的老寿星。深海资源如何利用现在并不清楚，不过有些海底下的宝藏已经在开发，首先是石油天然气。世界上新发现的大型油气田，主要都在深海；还有天然气水合物、金属硫化物，以及深海稀土矿等等，深海矿产的勘探方兴未艾。所以说，海洋开发的重心正在下移，从海面推进到海底。

不过人类是陆生动物，开发深海又谈何容易。海水每加深10米，就增加一个大气压力，人类如果以自己的肉身凡胎进入深海，不但淹死，还会压扁。因此深海从探索到开发，完全得依靠高科技。当前探索深海的技术手段，可以归纳为“三深”：深潜、深网、深钻。乘坐深潜器潜入深海，是人类直接探索深海的起步点，同时涌现了各种各样的无人深潜设备，进行更多、更广的“深潜”。“深网”是在海底铺设观测网，对深海进行不间断的实时观测，向上观测深层海水、向下观测地球深处，相当于把“气象站”、“实验室”放到了海底。“深钻”是用钻井船向海底下面打钻，探索海底下面的地壳，向地球的深部进军。近年来，我国在这三方面都取得了喜人的重大进展。

回顾历史，拓展海洋开发空间是人类社会发展的途径。16世纪，人类在平面上进入海洋，欧洲人通过越洋航海征服殖民地，赢得了五百年的繁荣。现在的21世纪，人类正在纵向上进入海洋，开发深海的资源，由此带来的社会效果目前还很难预计，但这正好是中国重新崛起的时期，给重振华夏带来了新的机遇。这两次开发海洋最大的不同在于手段，16世纪靠的是坚船利炮，21世纪靠的是高新科技。可以预期，随着进一步弘扬海洋文明，我国会有更多的青少年立志深海、投身科技，争取在人类开发深海的征途上，留下中国人的足迹！

中国科学院院士　汪品先

2018年1月

目录

多元、立体的海底观测 32

深入地球内部

人们常说上天难，殊不知，入地更难。人类在20世纪就已经实现了登上月球、遨游太空的梦想，探索地心之旅却还止步于科幻作家的笔下。实际上，对于我们脚下的地球，且不说地心漫游，即使是它的表皮——地壳，至今仍未能钻穿。然而，科学家从来没有停止“打穿地壳，深入地球内部”的探索。

为什么要到深海海底打钻

石油公司在海底打钻，为的是寻找和开发石油、天然气，而在一些没有油气资源的海底，40多年来，人类也打了近2000个深海钻井，这是为什么呢？原来，深海是地球表面离地球内部最近的地方，而深海底下又是人类了解最少的地方，地球的许多奥秘要依靠在那里钻探才能解开。如果说地壳下面是地幔，对此我们并不陌生，那么地幔内部究竟是什么样的，现在还没有人知道，这个谜要到海底去钻穿地壳才能揭晓。

世界上最深的钻孔

科学钻探是目前深入地球内部的唯一手段。苏联从20世纪70年代开始实施大陆科学钻探，其中在科拉半岛打下的一个12262米深的钻孔，是迄今为止最深的钻孔，并已成为全球第一个深部观测实验室。但是由于陆地的地壳比较厚，平均达33千米，而海洋的地壳则相对较薄，平均只有6000~7000米，所以要想钻穿地壳只能依靠大洋钻探。

钻井平台

第一艘6000米深海钻探船

美国“格罗玛·挑战者号”钻探船是第一艘能够在水深超过6000米的深海进行钻探的船。钻探用的钻杆是用12.5厘米口径的无缝钢管连接起来的。这艘121米长的万吨轮，最显眼的是它高出海面61米的钻塔，钻塔下面是船中央的钻井口，可直通几千米深的海底，钻取一筒又一筒的岩芯。

“格罗玛·挑战者号”钻探船

深海研究的“航空母舰”

大洋钻探船能够在水深数千米的海底实施钻探，这是目前在海底深部取样的唯一手段，此类船也被称为深海研究的“航空母舰”。近50年来，有3艘专用的深海钻探船开展大洋钻探，即美国的“格罗玛·挑战者号”“乔迪斯·决心号”，以及日本的“地球号”。此外，在执行大洋钻探任务时，有时也会临时租用一些钻探船或平台。

国际大洋钻探计划

从莫霍钻到乌有钻

大洋钻探起源于“莫霍计划”，一项钻穿大洋地壳的科学计划。1957年3月，在美国国家科学基金会地学部召开的一次研究项目评审会上，海洋学家芒克认为，应该设立一项能导致地球科学取得重大突破的研究计划，以解决地球科学的根本问题。芒克提议打一口超深钻井，穿透地壳的底面——莫霍面。芒克的提议获得了海底扩张说创始人——赫斯教授的响应，他正为地球科学家提不出气魄宏大的科学计划而深感烦恼，而此前物理学家已获得了亿万基金建造大型加速器。芒克的一席话使赫斯深受启发，开始为“莫霍计划”奔走游说。

工人在检查“卡斯1号”钻探船上的钻杆

由于洋壳很薄，从洋底穿透地壳、钻进地幔比从陆地钻要容易。1961年，美国启动“莫霍计划”，派出“卡斯1号”钻探船在东太平洋钻了5口深海钻井。钻杆穿过3558米深的海水，从洋底往下钻，最大井深183米。这是有史以来第一次在深海大洋打钻成功。当“卡斯1号”钻探船返航回到洛杉矶时，美国总统肯尼迪专门致电祝贺，称此举是科学史上划时代的里程碑。

但由于美国国家科学基金会对技术和经费预算的估计不足，“莫霍计划”屡遭挫折。当钻头穿过海底沉积层遇到玄武岩基底时，钻头被迅速磨坏，更换钻头后，在茫茫大海里就再也找不到原来的井孔了。1962年的经费预算为2000万美元，到1966年变为1.1亿美元，还是没有成功，于是“莫霍计划”遭到众议院投票否决，莫霍钻（Mohole）变为了“乌有钻”（Nohole）。

“卡斯1号”上的船员在往海下投放浮标

"卡斯1号"钻探船

大洋钻探正式开启

虽然莫霍钻没有打成，但科学家发现在海底打一些浅钻更有意义。1966年，由美国国家科学基金会出资委托加州大学的斯克里普斯海洋研究所创办了"深海钻探计划"（DSDP）。1968年8月11日，121米长的"格罗玛·挑战者号"深海钻探船首航墨西哥湾，一项地球科学历史上最大规模的国际合作计划就此拉开序幕。

国际大洋钻探三部曲

深海钻探计划（DSDP）开始于1968年，结束于1983年。参与的国家有美国、苏联、联邦德国、法国、英国、日本等。其间，深海钻探船"格罗玛·挑战者号"完成了96个航次，钻井逾千口，回收岩芯9.5万米。除冰雪覆盖的北冰洋以外，钻井遍及世界各大洋，验证了海底扩张说和板块构造说的基本论点。

大洋钻探计划（ODP）深海钻探计划的延续，开始于1985年，结束于2003年，称得上是20世纪地球科学规模最大、历时最久的国际合作研究计划，参与国家多达18个。中国于1998年以参与成员国身份正式加入大洋钻探计划。

综合大洋钻探计划（IODP）大洋钻探计划于2003年转入综合大洋钻探新阶段。计划打穿大洋壳，揭示地震机理，查明深部生物圈，探究极端气候和快速气候变化的过程。研究领域从地球科学扩大到生命科学。中国在2004年正式加入综合大洋钻探计划。

地质新发现

大洋钻探是地球科学领域迄今规模最大、影响最深、历时最久的大型国际合作研究计划，也是引领当代国际深海探索的科技平台。通过近半个世纪的成功运行，科学大洋钻探在全球各大洋钻井3600余口，累积取岩芯超过40余万米，所取得的科学成果验证了板块构造理论，创立了古海洋学，揭示了气候演变的规律，发现了海底“深部生物圈”和“可燃冰”，取得了一次又一次科学上的重大突破，始终站在地球科学研究的前沿。

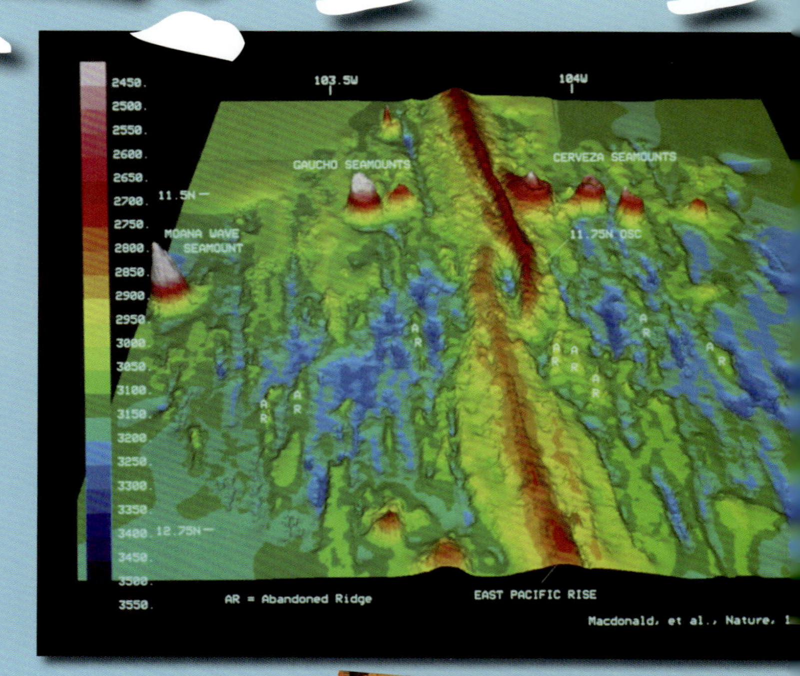

东太平洋海底地形图，中间为东太平洋中脊

全球海底地形图

从“温室”到“冰室”

通过大洋钻探，科学家发现，新生代（6500万年前）以来，全球气候在不断变冷，但直到3400万年前的始新世末，地球都还处于两极无冰的“温室”状态。此后，南极开始出现永久性冰盖，冰盖的大小也随地球气候的波动而有规律地变化，这种状态一直持续了3000多万年。大约260万年前，北极冰盖形成，地球开始进入两极有冰的时代。实际上当今地球所处的这种“冰室”状态是非常特殊的时期，在地球演化的悠久历史中，绝大多数时间是没有冰的。

大洋地壳的形成

一亿四千万年前，欧洲和北美大陆之间还仅是一条窄而浅的海道。随之一个大裂谷的出现，将欧洲和北美板块分裂开来，导致了大西洋的形成。在这个过程中，厚35千米的地壳被拉张变薄并形成断点，裂开的空间被大西洋中脊扩张形成的洋壳填充。不过，与其他大陆边缘不同的是，几乎没有任何证据表明在这一大陆地壳分裂的过程中伴有强烈的火山活动。长期以来，人们一直对这里进行的海底扩张作用是怎样进行的深感困惑：它是瞬时运动还是渐变的？

通过对葡萄牙岸外10个大洋钻探计划站位中的发现深入研究，这个难题已经被破解了。地球物理学家根据声音在大陆边缘传播速度的变化测定了洋壳的厚度，结果发现：尽管陆壳像预料中的那样向大洋的一面变薄，但是当地壳变薄到7千米时就开始断裂。向大洋的一面，有一个宽达170千米的无壳带，下伏的大陆地幔层被暴露在海底。在这个无壳带的大陆一边，其他的地球物理证据表明：一些独立且相对较小的熔岩拉长体首次侵入地幔，随着这个变形带向大洋方向移动，越来越多的熔岩侵入，直到最后这种岩石的连续层形成为止，最终形成了洋壳。

地中海曾经是一片荒漠

1961年，美国“铁链号”考察船在地中海海底发现一系列酷似盐丘的圆柱状构造，还发现海底以下几百米深处埋藏着一层令人困扰的强声波反射层，可能是十分坚硬的岩层。但在通常情况下，深海底的软泥在数百米以下不可能固结成坚硬的岩石。这一强反射层到底是什么？为了解开这些疑问，“格罗玛·挑战者号”于1971年和1975年，两次开进地中海进行科学钻探。钻探的结果令人惊讶，海底的强反射层竟然是硬石膏岩，而这种岩石通常产生于干热地区的沿海滩地，怎么会出现在深海海底？科学家经过深入的研究发现，原来在大约500万年前，地中海曾一度干涸，成为一片荒漠，从而形成了石膏岩的沉积。值得一提的是，这两次大洋钻探都是由著名华人科学家许靖华主持，是20世纪70年代震惊国际科学界的重大发现。

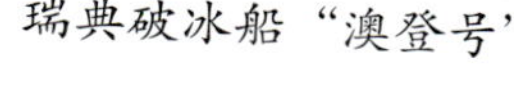
瑞典破冰船“澳登号”

窒息的大洋

白垩纪的沉积记录里有几段薄薄的黑色富含碳的岩层，它们是黑色页岩，表明当时的大洋处在一个缺氧的环境。

从深海钻探计划和大洋钻探计划得到的数据表明，这些页岩在世界各大洋是同时沉积的。这种全球范围内的黑色页岩沉积称为“大洋缺氧事件”，以白垩纪中期最为典型。

白垩纪大洋缺氧事件时期，大量的碳埋藏使得大气中二氧化碳含量下降，继而影响到当时的气候。多数大洋缺氧事件的原因被归结为较高的海洋生物生产力和碳的输出，导致黑色页岩中富含有机质。然而，最根本原因又是什么呢？在佛罗里达岸外的亚热带大西洋打的一个钻孔里，科学家获得了一段连续的厚46厘米的薄层黑色页岩，这代表了一次大洋缺氧事件。经过分析，大洋缺氧事件首次被认定为是由于海水分层的加强而导致的。

为什么要用三条破冰船进行北冰洋钻探

北冰洋钻探最大的困难是被不断运动的海冰干扰。在北冰洋海区，许许多多的海冰漂浮在海面上。这些海冰以9000米/时的速度流动，会严重干扰钻机的运行。大洋钻探要求船身的位置稳定，一旦钻探船遇上冰山，不但船身稳不住，而且可能被撞沉，当年的“泰坦尼克号”就是撞上海冰而沉没的。

办法就是迎着海冰前来的方向，把海冰击碎。在2004年的北冰洋钻探中，科学家创造性地使用三艘破冰船协同作业：首先由俄罗斯核动力破冰船“苏联号”把大片的海冰压破开路，再由瑞典破冰船“澳登号”把破开的大冰块进一步弄碎，从而保证挪威破冰钻探船“维京号”进行定位深水钻探。这场“海冰大战”终于取得了圆满成功，第一次获得了记录北冰洋演化历史的长岩芯，为科学家破解北冰洋的演化奥秘提供了第一手资料。

挪威破冰船“维京号”

北极曾经是个淡水湖

2004年8月7日，由多国科学家组成的国际团队搭乘三艘破冰船从挪威特罗姆索港出发，向北冰洋罗蒙诺索夫海脊地区进军，开始了地球科学史上的首次北冰洋科学钻探。横贯北冰洋的罗蒙诺索夫海脊，高出周围洋底近3000米，大约5600万年前由欧亚大陆的陆架分裂出来，上面覆盖着400多米厚的沉积物，详细记录了北冰洋的演变历史。三艘破冰船分工合作，花了30多天的时间，在罗蒙诺索夫海脊水深约1300米、距离北极点250千米的海区钻了4口井，其中最深的一口井打到了海底以下428米，获得了大量来之不易的宝贵岩芯。随后，这些岩芯被运往德国不莱梅的研究基地，用于更深入的研究。

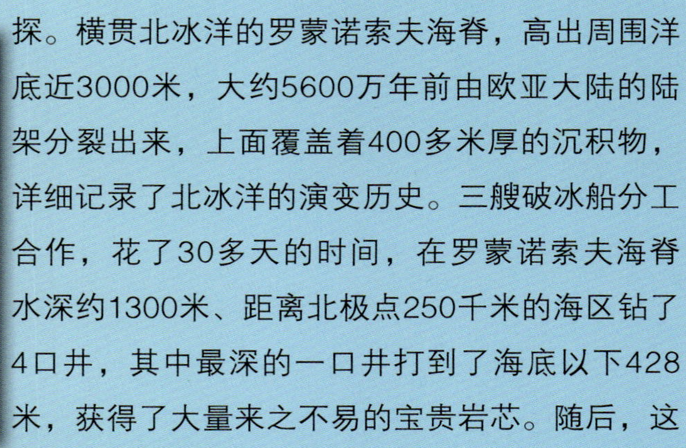

俄罗斯核动力破冰船“苏联号”

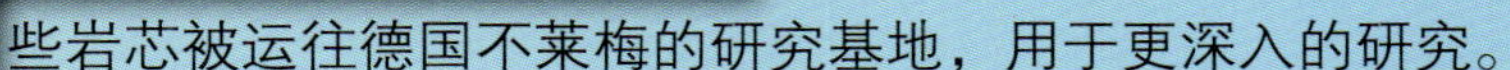

经过多种精密的实验室化学分析后，科学家得出了惊人的结论：5000万年前的北冰洋处于亚热带！岩芯沉积物的地球化学分析证明，在5500万年前的全球变暖事件里，北冰洋也同步变暖，海水表层温度从18.8°C升至23.8°C，远远高于之前的预期，呈现出亚热带的气候条件。可以想象，当时的北极地区一定是一个气候温和、适宜生活的好地方。

三艘破冰船协同作战

接下来的研究更是让人们大跌眼镜：北冰洋在5000万年前是个淡水湖泊！原来，科学家在当时的地层中发现了大量水生的蕨类植物——满江红的孢子。满江红是淡水植物，不能忍耐海水的盐度。现在人们在许多暖温带到热带的淡水里还经常能看见它。这一发现说明北冰洋当时表层水至少有季节性的淡化，是个“北极湖”。而在同时期海区也发现了满江红的孢子，科学家推测很有可能就是从“北极湖”搬运而来的。这也表明了当时北冰洋的生产力极高。

当时北冰洋沉积物中的有机碳含量为5%，甚至高达14%。这些有机质是生成石油的重要来源。据估计，北冰洋蕴藏着超过90亿吨的油气资源，大约占世界未开发油气储量的四分之一，因此成为各国竞争的热点海域。

见证喜马拉雅的隆升

喜马拉雅数百万年的剥蚀在孟加拉湾形成了一个巨大的沉积体——孟加拉扇，这是世界上最大的沉积物堆积体。据估计，它的体积是现在喜马拉雅在海平面以上部分的5~10倍。大洋钻探计划第116航次从孟加拉扇取得了大量2000万年以来的沉积物，是见证喜马拉雅隆升剥蚀和风化过程独一无二的宝贵档案。岩芯揭示出喜马拉雅至少在2000年以前就开始隆升了，比科学家原先认为的要早1000万年。

地球气候的化石温度计

考古发现：冷血的爬行动物曾经生活在北极圈，沿着英格兰南部海岸的红树林曾经被淹没……从中我们可以知道，地球的气候在白垩纪和早新生代时要比现在温暖许多。但是，怎样才能准确计算出当时地球表面温度到底是多少呢？直至最近，科学家才发现，过去5000万年全球温度变化的最好记录其实藏在深海大洋中的底栖有孔虫化石中。

底栖有孔虫是一种生活在海底的单细胞动物，大约只有针头那么小。在大洋钻探计划采集到的深海沉积物中常常可以看到它们。深海的温度变化可以用有孔虫化石中的方解石壳体中氧元素的两种同位素——氧16和氧18的比值来测定。这种方法很有效，因为化石壳体中这两种同位素的比值由当时有孔虫生活的温度所决定。此外，有孔虫壳体中还含有少量镁元素。科学家发现，有孔虫壳体中镁元素的含量与它生活的水温之间也存在一定的关系。因此，结合有孔虫化石携带的这两个线索，就可以计算出过去5000万年以来的深海大洋的温度，从而了解地球表面的温度变化。

深海中生活着大量有孔虫

微生物：海底下的深部生命

奥地利地质学家爱德华·修斯在1875年首次系统地提出了生物圈的概念。无独有偶，在此前10年，儒勒·凡尔纳在他的经典作品《地心之旅》中描绘了生活在地球内部的奇妙生物。有趣的是，他们的思想一个来自科学，另一个来自幻想，却在一个世纪后交汇于深海洋底的深处。通过对大洋钻探计划取得的岩芯进行研究，科学家发现：海洋沉积物的深处存在生命。

地球深部的微生物

尽管凡尔纳想象在大洋底下存在巨大的怪兽，但其实这一区域是微生物的王国。这些微生物新陈代谢的能力与普通生物有着巨大的差异。从根本上来说，生命实际上是一系列的氧化还原反应，产生的能量用来支持基本的新陈代谢作用。最神奇的是，海底下的微生物甚至依赖最小的氧化还原反应都可以维持生命。目前，微生物已经在海底800多米以下的沉积物中被发现，而且可以确定的是，我们还没有到达生物圈的底部。更令人惊奇的是，海底下微生物的数量远远超出我们的想象。通过已获得的岩芯来推算全球微生物的丰度，结果表明：地球上生物总量的约10%集中在海洋底下。

地球生物圈不仅分布在地球表层环境，还向下延伸至深海沉积物和岩石圈。深部生物圈是地球上活体生物总量的一个重要组成部分，大洋科学钻探为我们了解深部生物圈的起源、演化、生存环境、生物多样性和生物地球化学等方面的问题提供了可能性。

中国的大洋钻探

中国分别于1998年和2003年以“参与成员国”身份加入了大洋钻探计划和综合大洋钻探计划，学习和利用国际最先进的深海钻探成果和经验，为深海探秘做出了贡献。

解读“南海天书”

如果将地球的形成与演化看作一部“天书”，南海无疑是这部书中最精彩的篇章之一。为了获取海底深处的“资料”，中国正开展着“南海深部计划”，与国际大洋钻探计划紧密合作，到现在为止已经主导了三次南海大洋钻探。

中国深海科学钻探零突破

在1998年正式加入大洋钻探计划后，中国科学家提交了《东亚季风在南海的记录及其全球气候意义》建议书，争取到了第一个南海钻探航次——184航次。1999年春，“决心号”大洋钻探船首次驶入南海，实现了中国深海科学钻探零的突破。

首次南海大洋钻探的目标是取得深海沉积的连续记录，以研究气候系统尤其是东亚季风的演变历史及其原因。“决心号”在南海6个深水站位共钻了17口钻孔，从水深2000~3300米的海底钻入地下，最深的一口深入海底以下850米，取得高质量岩芯总计5500米。

航次结束后，中国科学家对岩芯进行分析研究，取得了一系列成果，部分“南海天书”隐藏的秘密被破解：获得了东亚季风演变历史，证明和南亚季风的演变有十分相似的阶段性；取得南海演变的沉积证据，证明海盆扩张初期已经有深海存在；最强烈的构造运动发生在渐新世晚期，到300多万年前，南海沉积环境才出现强烈的南北差异；等等。

值得一提的是：这个航次由中国科学家设计和主持，有9名华人科学家参加，占了整个科学家团队的近三分之一。

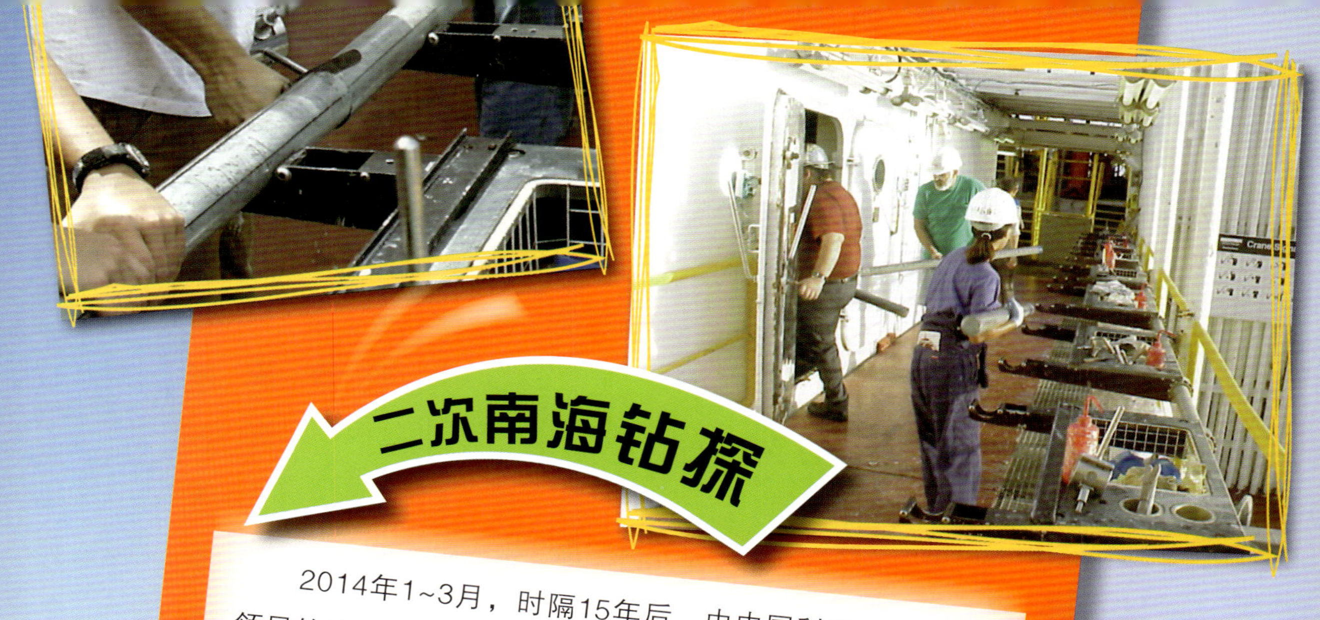

二次南海钻探

2014年1~3月，时隔15年后，由中国科学家设计和领导的第二次南海大洋钻探——综合大洋钻探计划349航次，在南海顺利实施。经过两个多月紧张忙碌的科学钻探，349航次共完成5个站位的取芯和2个站位的地球物理测井工作，为研究南海的构造演化提供了宝贵材料。

南海第二次大洋钻探，首次实现了对南海海盆洋壳玄武岩的钻探，取得了大量海底扩张形成的玄武岩样品，使精确确定扩张时代与岩浆活动过程成为现实；同时又用微体化石和古地磁测定，初步标定了南海两大海盆的年龄。钻探发现了多层玄武岩和多层火山碎屑岩，说明南海扩张形成的晚期有过多期强烈的火山活动。南海的不少岛礁，其实就是覆盖在海山上的珊瑚礁，此项发现为研究海山的形成原因和海底扩张如何停止的历史过程，提供了全新的线索。南海是个边缘海，周边陆地和岛屿输送到海里的大量沉积物，最终的归宿就是这次钻探的深海盆。钻探发现了大规模的浊流沉积和多期次的钙质超微化石沉积交替出现，还在大洋玄武岩基底上发现有数十米厚的黄褐色泥岩，揭示出南海形成以后有过复杂多变的沉积环境，是研究南海乃至西太平洋演变历史的宝贵证据。

S. China Sea
1143 A
40X
L. Miocene

两次钻探结果表明：南海东部次海盆“出生”于约3300万年前，“死亡”于约1500万年前；西南部海底“出生”于约2300万年前，“死亡”于约1600万年前。

第三次南海大洋钻探拉开序幕

2017年2月，中国科学家建议、设计的第三次南海大洋钻探——综合大洋钻探计划367航次、368航次开始实施。与前两次相比,这次钻探目标更深，难度更大。计划在水深3000~4000千米的深海底钻探四口千余米深井，获取南海张裂前夕的基底，预期将首次获得南海中生代和早第三纪的地层记录，旨在通过对比地层揭示南海的成因，同时检验国际上以大西洋为蓝本的洋壳形成理论。

为什么中国科学家执著于解读“南海天书”

在4000万~5000万年前，我国大部分地区还是干旱少雨的一片荒漠，东亚季风以及南海的形成送来了丰沛的雨水，焕发了勃勃生机。作为地球上低纬度地区最大的边缘海，南海地处全球最高的珠穆朗玛峰和全球海洋最深的马里亚纳海沟之间，位于全球最大的海洋板块(太平洋板块)、全球最大的大陆板块(欧亚板块)以及菲律宾海板块等多板块汇聚之处。特殊的地理位置，使南海研究对气候变化、板块构造、地质灾害等研究都具有重大意义。

研读“南海天书”还对了解整个地球“生命史”具有重要的学术意义。太平洋是全球最大的海洋，东西两边却非常不对称：太平洋西部边缘有众多的边缘海，包括白令海、鄂霍次克海、日本海、东海、南海、苏禄海、塔斯曼海等，而太平洋东部的边缘海却较少。以南海为样本，解析这一重要而奇异的问题，对研究地球的板块演化有着重要意义。

此外，大洋中脊环地球海底65000多千米的区域是海洋地壳与板块的“出生地”，也是地球上最长的火山链。如今的南海洋中脊已经死亡，而太平洋、大西洋、印度洋、北冰洋底的洋中脊，却大多数都是活的。与南海洋中脊进行对比研究，还可以读懂地球洋中脊的“生命故事”。

建造自己的大洋钻探船

科学大洋钻探船是深海研究中的“航空母舰”。中国由于没有自己的专业钻探船，暂时只能在国际钻探计划中扮演“参与者”角色。中国要想“走向深海，通往地心”，必须建造自己的大洋钻探船。

国际上现有的两艘大洋钻探船都有一定局限性：美国“决心号”钻探船已经比较陈旧，而日本“地球号”钻探船过于庞大，运行成本很高。从科学上来讲，深海海底的一系列重大问题有待新型钻探船去探索，而其中最需要解决的是钻穿地壳。地球体积84%属于地幔，火山活动、板块漂移的根源都在地幔，而大洋地壳最薄，只有五六千米，打穿大洋地壳，才能到达地幔。因此，半个世纪前美国深海钻探计划就想打穿地壳，日本建造“地球号”钻探船时的口号也是打穿地壳，但目前看来都还难以实现。

国际大洋钻探已经成功进行了半个世纪，但是从海底向地球深部探索的任务，远远没有完成。比如说，想要打穿地壳，就要发展更加先进的技术，建造新一代的大洋钻探船。谁来造这条船呢？全世界的眼光都在投向中国。中国参加大洋钻探计划很晚，但是近年来发展最快。现在中国科技界正在摩拳擦掌，准备发起大洋钻探科学目标和技术创新的国际研讨，在美国、日本之后，建造世界上第三代的大洋钻探船。

在海底装上"眼睛"

地球超过三分之二的区域是海洋。人类对海洋的探索，从未停止过。在知道了海洋有多大、有多深以后，人们还想在海底装上“眼睛”，深入到海洋内部看个究竟。

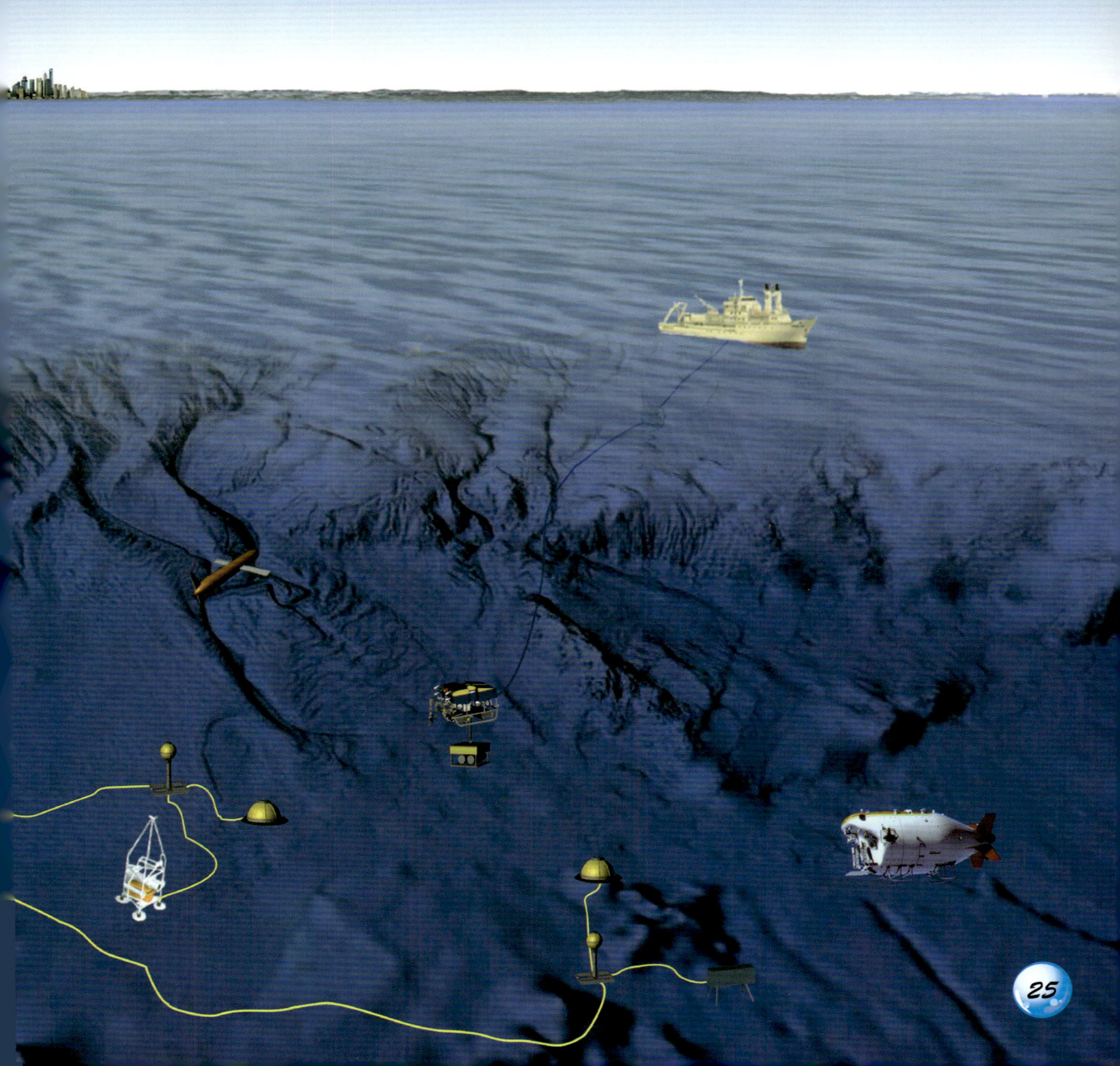

为什么要进行海底观测

科考船入海取样

“挑战者号”科考船

现代海洋科考可以追溯到19世纪，如达尔文就曾参与英国在19世纪30年代的“贝格尔号”环球探险，其著作《物种起源》中关于珊瑚礁的内容就与这次航行经历密切相关。而19世纪70年代，在英国皇家学会支持下的“挑战者号”舰队科考，是最为著名的一次。舰队从朴茨茅斯港口出发，历时3年5个月，横跨大西洋、太平洋和印度洋，行程近7万海里，第一次使用颠倒温度计测量了海洋深层水温及其季节变化，采集了大量海水、海底底质样品，发现了上千种海洋新物种。“挑战者号”取得的丰硕成果引发了世界海洋考察的热潮，科考船也成为人类调查研究和认识海洋的重要工具。

我国远洋科学调查的主力船舶——“大洋一号”科考船

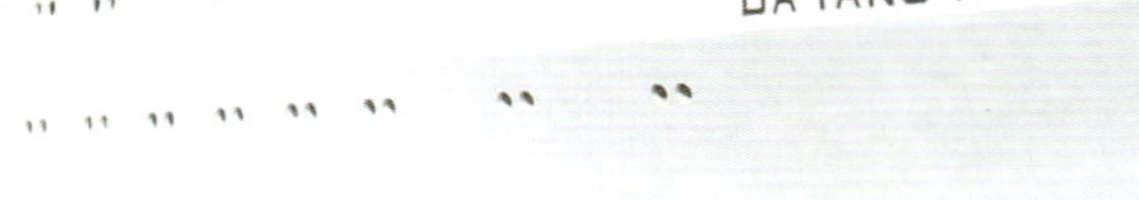

天上飞的“千里眼”

20世纪，应用遥测遥感技术从卫星获取地球的信息，开辟了全新的对地观测系统，能够获取全球性和动态性的图景，同时得到海水表面的温度、风场、海流和波浪，以及藻类生物、海水污染等各方面的信息。人造卫星犹如孙悟空的千里眼，用搭载的探测器每半小时甚至几分钟就可以“看”遍地球上的所有海洋，同时把海面温度、海水颜色等数据，传送到地面卫星接收站。

装在海底的“眼睛”

长期以来，人们从事海洋科学研究的主要手段是通过科考船采集样品，然后回到陆地或船上实验室分析样品。但这样做的缺陷十分明显：首先，容易受到海况的限制，如遇到台风和海啸，只好避而远之，而偏偏最不安全时候的极端事件的观测是最有研究价值的；其次，科考船不能长期“蹲点”考察。尽管通过船舶可以布放一些自带电池供电的观测仪器，但一般只能支持1年时间的供电，且观测数据只能保存在存储器中，因此必须定期派船更换电池，取回观测记录。这种一年半载以后才取回的记录，显然不够及时。虽然载人深潜器可以亲密接触海底，但其工作时间的上限只有10~12小时。海洋观测贵在实时，许多数据必须在原位进行分析。不仅如此，有许多现象还是不能采样分析的：热液的温度、pH值，采回来就变了；深海的许多生物，取上岸就死了；一些沉积物颗粒，本来呈团粒状，一经采样就散开来了……可见，乘船出海只能做断断续续、星星点点的短暂“考察”，而对于动态的过程，不管风向、海流还是火山喷发，都要求连续观测方能洞察其发生机理，只摄取个别镜头的“考察”无济于事。遥感技术虽然能连续实时地获得一些海洋观测的信息，但它的主要观测对象在海面，缺乏深入穿透的能力。隔了平均3800米厚的海水层，遥感技术难以到达大洋海底。

因此，有科学家提出，能否换个视角，不要总是从海面看海底，可不可以从海底看海面，让观测仪器长期驻守在海底，让这些设备根据科学家的指令开展科研工作，并将观测数据信息传回来，而不是把样品采集上岸来分析？这就是海底观测系统的由来。海底观测系统犹如在海底装上了“眼睛”，把深海大洋置于人类的监测视域之内，它从根本上改变了人类认识海洋的途径，开创了人类探索海洋的新阶段。

地球观测卫星

地球系统的第三个观测平台

人类认识世界、观测世界的第一平台是地面。20世纪的航天技术使人类克服地球引力进入太空，第一次看到地球的全貌，为人类观测地球提供了第二个平台。这场变革可以与17世纪从地球放眼太阳系、带来“日心说”的科学进步相媲美，称得上是“第二次哥白尼革命”。进入21世纪以来，随着传感器、信息技术和深潜技术的发展，人类已经能够在深海建设观测网，将“气象站”和“实验室”放到海底，连续、原位、实时地观测深海和海底以下的地球深部，为人类观测地球建立第三个平台。

海底观测设备

海底观测网是指能够对海底区域长期实时探测、传输数据、采集分析样品以及进行原位实验的海底网络系统，它由光纤电缆、基站、一系列水下监测设备和控制仪器所组成。在此之前，人类进行的各种海底观测都有一个共同的缺陷：受电力供应的限制，信息传送非常困难。如今，将观测平台放到海底，通过光纤网络向各个观测点供应能量、收集信息，从而达到多年连续的自动化观测。海底观测网既能向下观察海底和深部，又能向上观测大洋水层。它的使用寿命长达25年，真正实现了对海洋的长期观测，彻底摆脱了电池寿命、船时与舱位、天气和数据迟到等种种局限性。科学家可以在办公室通过网络实时监测自己的深海实验，可以命令自己的实验设备去监测风暴、藻类勃发、地震、火山喷发、海底滑坡等地质事件。

星星之火，可以燎原

近年来，欧美国家及亚洲的日本等国在研制开发多种海底观测网技术和装备的基础上，纷纷投入巨资建立海底观测网。虽然在茫茫大海中，这些观测设备和网络犹如星星之火，但是未来必将燎原，海底观测网必定会像气象站那样覆盖全球，成为海洋探测和研究的主要方式。

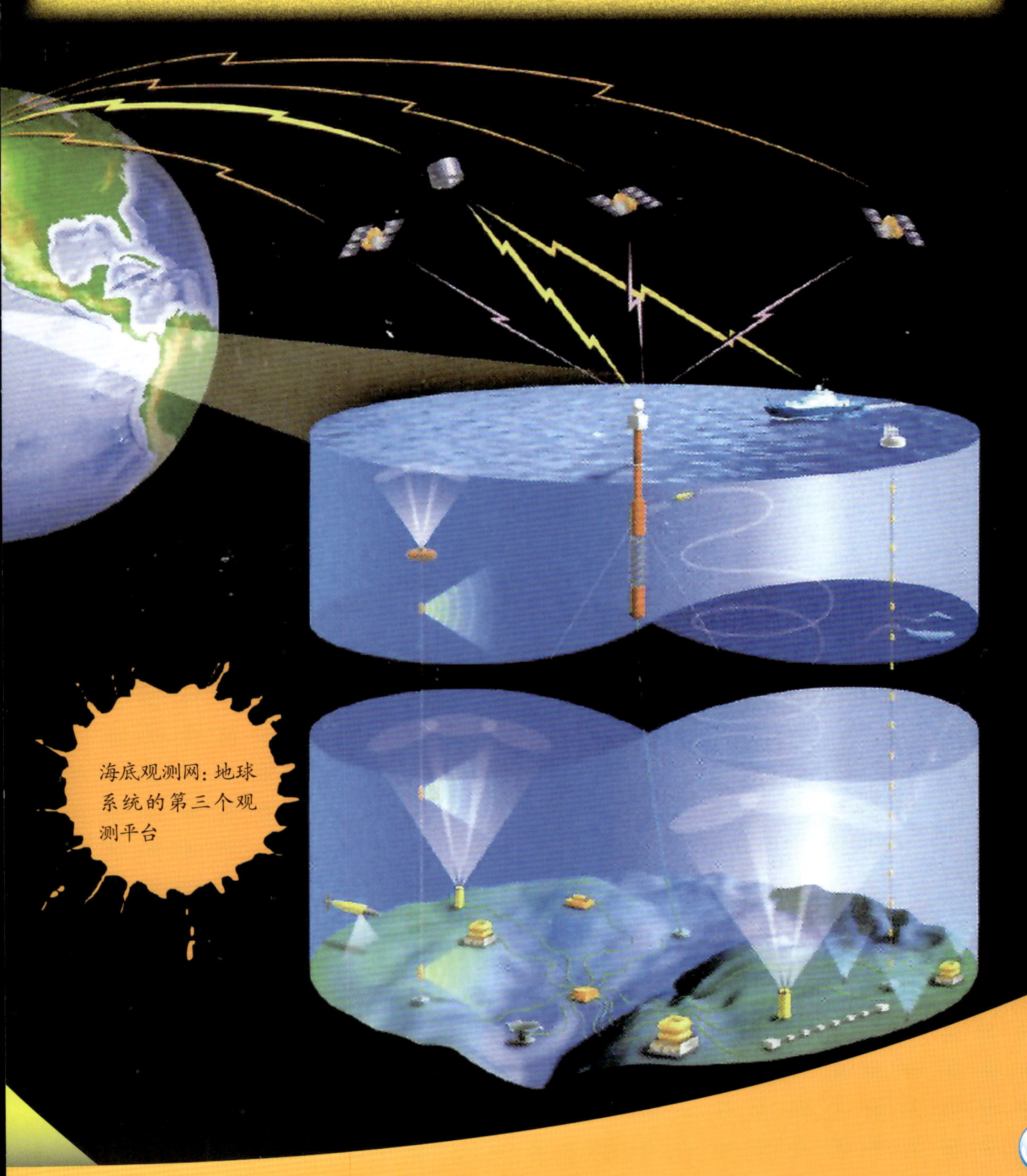

海底观测网：地球系统的第三个观测平台

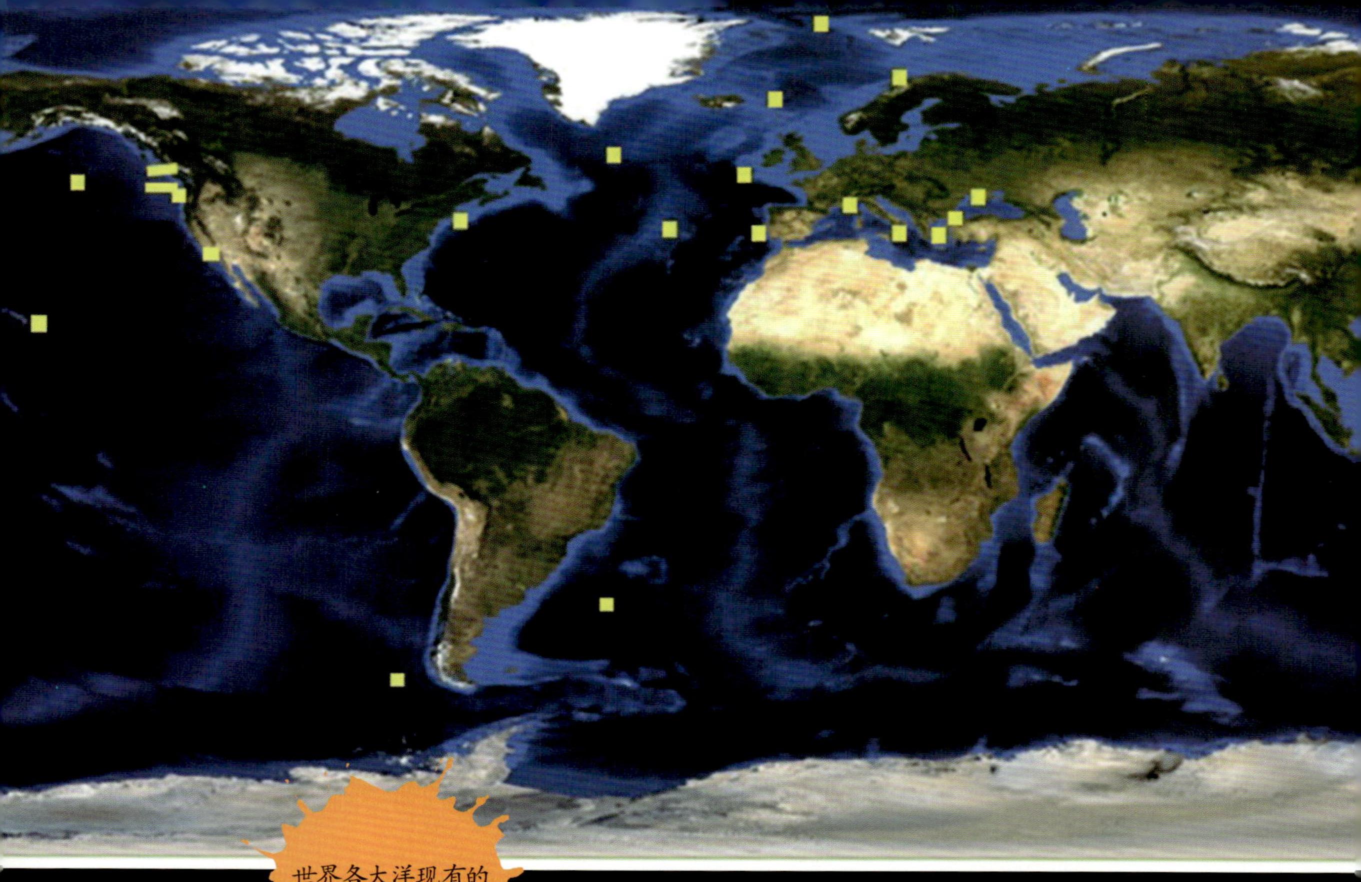

世界各大洋现有的海底观测网分布

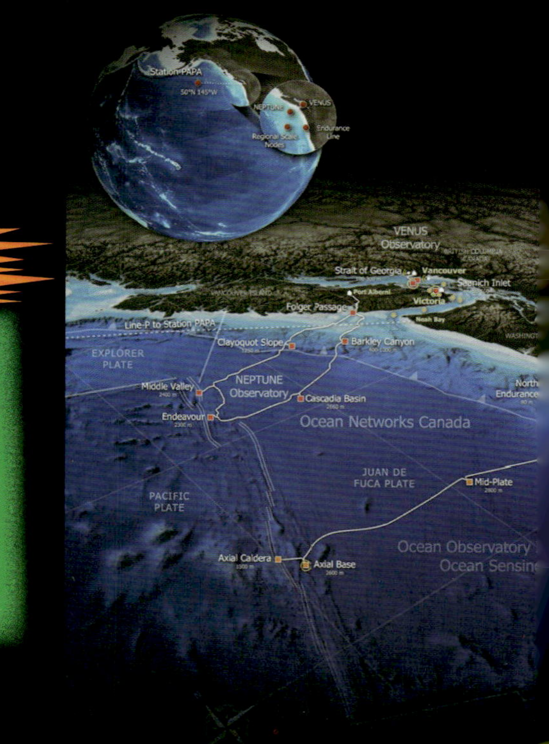

第一个大型海底观测系统

2009年底，世界上第一个大型海底观测系统“加拿大海王星”开始运行，800千米长的光纤电缆从温哥华岛西岸出发，穿过大陆架，置身深海平原之上，同时向外延伸到活火山，最终形成一个回路。

美国和加拿大海底观测网分布图

最大的海底观测网

美国于2016年正式全面启动的名为“大洋观测网”的海底观测系统，是至今为止最大的海底观测网。七大系统的900多台传感器和设备平台从海底向全球发布实时观测信息，并且每隔三小时现场直播深海热液活动一刻钟。

欧洲海底观测网计划

英、德、法、意等西欧国家早就在建设自己的海底观测站，并且在2004年制定了欧洲海底观测网计划，针对从北冰洋到黑海不同海域的科学问题，在大西洋与地中海精选15个海区设站建网，进行长期的海底观测。

日本的海底观测计划

日本多地震，故一直特别关注海底地震。20世纪80年代末期以来，日本在其附近海域建立了8个深海海底地球物理监测台网，有的已经和陆地台站相连接进行地震监测。日本还建造了全球最大的科学钻探船，在四国岛以南进行深海钻探，打算在几千米深的海底安置仪器监测地壳运动，为日本提供地震预警。这些都列入了日本海底观测计划中。

中国的海底观测网建设

迄今为止，海底观测网主要还是北美、西欧和日本三家的“领地”。但是，近年来中国的脚步声响起：目前，东海和南海小规模海底观测试验网已部分运行，同时，更大规模的国家海底观测网正在规划建设之中。

BODY GLOVE

多元、立体的海底观测

海底观测网的组建可以说是21世纪以来国际科技界最令人瞩目的新动向，不同规模的海底观测网正在世界各大洋陆续出现，现场直播海底热液喷发、跟踪“中微子”动向、预警地震和海啸、观测海洋气象……

现场直播海底火山喷发

火山喷发是地球上最壮观的自然现象之一。世界上80%的火山喷发发生在海底，但是由于难以到达现场，很少有人亲眼观测到火山爆发的壮丽场景。海底观测网实现了对海洋的实时在线观测，无论身处何地，你的计算机、平板电脑、手机，都可以在线进入海洋，就像观看足球赛那样，对着屏幕观赏海底火山喷发的现场直播。

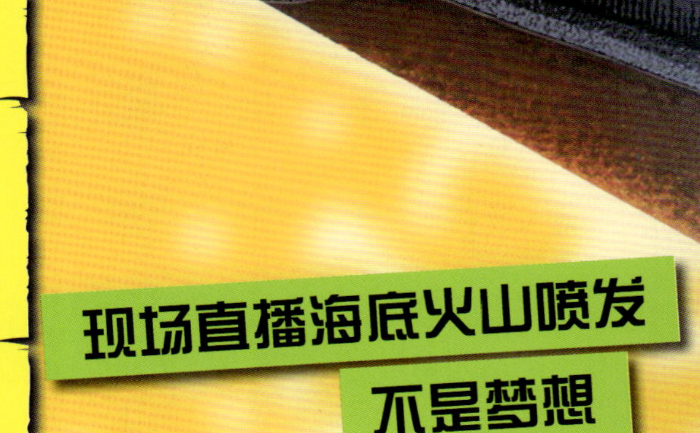

火山喷发是炽热的岩浆在地下大量聚集所引起的。岩浆从地球深处喷涌而出，迅速填满火山下面的储液槽。当压力变得太大时，储液槽就像气球一样破裂，岩浆剧烈喷出，海床落下，直至储液槽重新开始注入岩浆。这个循环是短暂的，但有规律可循。

现场直播海底火山喷发不是梦想

位于美国俄勒冈海岸的轴海山火山，曾在1998年和2011年喷发过，但是过了几个月后才被发现。这是由于当时放置在海底的监测仪，必须等收回后才能分析判读。2014年9月，科学家根据附近的海床正在快速抬升，预测到轴海山火山将在2015年会再次爆发。果不其然，2015年4月23日，水下地震仪检测到了火山下方巨大的地震峰值信号，最初每天有几百次轻微地震，后来密度达

到一天超过8000次。当天压力传感器也侦测到海床降低了2米多，进一步显示岩浆正从熔岩池流出来，使原来膨胀的火山像气球泄气一样收缩。遗憾的是，由于当时美国大洋观测网刚刚铺设完成，信息系统还没有完全建成运转，错过了现场直播海底火山喷发的绝佳机会。2015年7月，科学家乘科考船来到轴海山火山所在海域，依据海底观测网提供的准确信息，利用水下机器人拍摄到了火山熔岩喷发后形成的枕状熔岩，新鲜的熔岩厚度超过40层楼，且热的流体还在从海底裂隙中喷出，同时夹杂着大量的白色矿物和菌体。幸运的是，科学家发现他们布放的仪器设备无一因火山喷发受到损坏。除了地震仪和压力传感器外，观测网上还连接有其他仪器，可以测量地面倾斜、水温、溶解氧浓度和化学物质组分。科学家希望能找到地震、火山喷发与在这些极端环境中生存的微生物之间的关联，为解释地球上生命起源以及其他星球上是否存在生命提供有价值的线索。

虽然我们现在还不能预测轴海山火山下一次喷发的具体时间，但是大洋观测网已经做好全天候从海底向全球发布实时观测信息的准备，相信有一天一定可以为我们现场直播壮观的火山喷发场景！

海底观测网实现实时观测

地震和海啸预警

海啸是一种具有强大破坏力的海浪，它掀起的惊涛骇浪高度可达10多米甚至数十米，犹如一堵含有极大能量的“水墙”。海啸波长很长，可以传播几千千米仅损失极少能量。海啸通常由风暴潮、火山喷发、

为什么监测海底地震可以预警海啸

海啸波传播到岸边的时间很短，有时只有几分钟到几十分钟，往往来不及预警。但是，由于地震波的传播速度远远大于海啸传播的速度，因此可以通过布放高精度的海底地震仪和压力计，监测海底地震强度，来估算海啸诱发的海浪高度、传播方向、速度以及到达沿岸的时间，从而实现对海啸灾害的预警，让人们及时应对。

布放在海底观测网中的地震仪

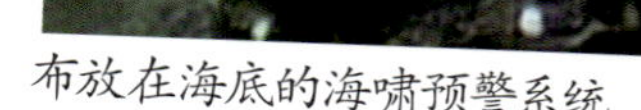

布放在海底的海啸预警系统

日本建海底观测网预警地震和海啸

日本是一个地震多发的国家，地震和海啸的预警和研究是其建设海底观测网的首要目的。日本早在20世纪70年代就开始进行海底地震观测，2011年建成了“地震和海啸海底观测密集网络”。2015年建成了大规模的海底实时观测网——“日本海沟海底地震海啸观测网”，缆线长度达5700千米，相当于从北京到莫斯科的距离。这些为地震、海啸布设的专用海底观测网，预警地震可提前30秒，预警海啸可提前20分钟。此外，日本还建立了完善的信息发布系统，将观测收集到的信息传送到电脑中心进行分析，计算结果呈现在电视屏幕上，方便政府各部门和民众清楚地了解地震、海啸的情况，以便及时采取相应的措施。

水下坍塌滑坡和海底地震等引发。其中，海底地震是海啸发生的最主要原因，历史上特大海啸基本上都是海底地震引起的。因为能量大、波及范围广，海啸的杀伤力巨大。近年来，全球由各种原因引发的重大海啸造成了严重的人员伤亡和财产损失，如2004年12月发生在印尼苏门答腊岛附近海域的8.7级地震引发的海啸，浪高几十米，近30万人丧生，受灾人口达500多万，是一次灭顶之灾。

布放在海底观测网中的地震仪

海啸灾害场景

加拿大海王星海底观测网

加拿大对地震、海啸的预警也极为重视，专门成立了一个工作组，投入大量资金研发了当今世界最精确的实时海啸监控系统。加拿大海王星海底观测网自投入运行以来，已经记录了超过10次的海啸，并进行了成功预警。如2009年南太平洋萨摩亚发生8.1级地震，引发的海啸波在地震发生后历经11小时抵达美国华盛顿州和加拿大不列颠哥伦比亚省海岸，布放在海底观测网的海啸预警系统预测成功，为应对海啸灾害赢得了约2小时的宝贵时间。

海底“天文台”

利用中微子观察宇宙是一种全新的技术。中微子是一种神秘的高能粒子，它不会被其他物质吸收，也不会被其他东西反射。中微子可以穿过我们的身体，也可以穿过地球，但它们本身丝毫不会受到影响。中微子不带电荷，它们的运动路线也不会因其他电磁场而弯曲。所以，一旦发现中微子，并判断出它的运动方向，我们就可以确定它在宇宙中的来源。由于完全不受其他物质的影响，中微子可以提供关于宇宙的最可靠信息。

“鹦鹉螺号”——KM3中微子天文望远镜

要捕捉中微子，必须有一个巨大的探测器。为此，欧盟正在打造一架名为“鹦鹉螺号”——KM3的中微子天文望远镜。它将设在地中海海底，占地约1立方千米。为了让KM3天文望远镜正常工作，大量的传感器被放置在一个巨大的水体之内，这样它们才能捕捉任何偶然经过的中微子轨迹。这种安置在海底的“天文望远镜”要求海水必须深于千米，透明度要高，颗粒物要少，且没有过多海底生物活动，因为许多海底生物会发光，从而干扰感应器对中微子的捕捉。之所以选择地中海海底，是因为那里距离欧洲实验室近，水比较深，水中含营养物质较少，生物很少生活在那里。

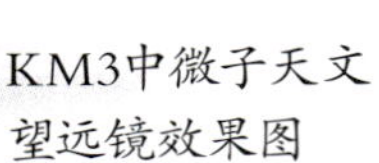

KM3中微子天文望远镜效果图

布放在海底的KM3中微子天文望远镜部分设备

KM3中微子天文望远镜部分设备获取的观测信号

多国合作的探测中微子计划

1996年开始的“中微子望远镜天文学与深海环境研究”计划，由法国、意大利、荷兰、德国、西班牙等国的22个实验室合作，在法国、意大利和希腊海岸外的深水设站，用光纤电缆连接到实验室。望远镜同样设在地中海西部水深2400米的海底。与之相似的还有希腊的“中微子延伸望远镜与海洋学研究站”，设在西西里岛附近水深3500米处。“中微子望远镜”海底观测网不仅可用于探测中微子，还可用于海洋学研究，如观测海底地震、监听海底生物等。

漂浮的海洋观测站

说到浮标，我们通常会想到那种漂浮在水面上，用于指示航道，标出浅滩、暗礁的航标。其实，除了作为航标的浮标之外，还有一类浮标，它们就像人类布设在海中的一个个观察哨，夜以继日地为我们提供有关海洋水文、水质和气象的各种信息。海洋浮标有很多种，有的固定在某个地点，称为锚系浮标；有的随着洋流在全球漂流，称为漂流浮标；还有的则潜在水下，又称为“潜标”。

漂浮在海面的观测站

浮标的主体其实就是一个漂浮在水上的搭载各种观测传感器的平台，靠一套锚和锚链牢牢固定在海中，即使风浪很大也不会移位。浮标通过浮体提供正浮力，保证连接水下浮体的缆绳在波浪翻滚的海面上保持直立紧绷状态，不被倾覆。浮标通常被设计成圆盘形，这是由于圆盘形的浮标重心很低、稳定性非常好，且它的吃水面很大，能紧贴水面，具有很好的“随波性”，有利于准确观测波浪的起伏高低情况。如果在一片海域中布设多个浮标，就可以形成一个观测网。著名的阿尔戈计划，就是一个全球海洋观测试验项目，通过30多个国家的合作，在全球大洋中布放了数千个可以下潜上浮、随着洋流漂流的浮标，形成了一个全球海洋观测网。

活动的潜标

与浮标漂浮在水面上不同，潜标系泊于海面以下，并可通过声学释放装置被回收，具有观测海洋内部水下环境不同深度剖面参数的能力，并具有隐蔽性好不易被破坏的优点。传统的潜标一般将浮体安置在固定的水深中，只能实现单点观测。要想实现多水深观测，必须布放更多的潜标。为了克服这种缺陷，科研人员研发了活动式锚系剖面技术。它包括两种方法：一种是通过在系留潜标的连接缆上安装自动升降剖面测量仪，将观测传感器集成在一个中性浮力的载体中，并按事先设定好的程序，沿连接缆绳上下往返做爬行式移动，就像小猴子爬树一样，忽上忽下；另一种是通过在海床上安装绞车，利用绞车上的定滑轮带动连接浮体的缆绳在海水中上下移动，相应地，加载传感器的浮体也在水体中往返运动。这样，潜标就可对海洋不同水深剖面的水文、水质、生物等环境参数进行测量，减少了测量仪器数量，简化了布放回收工作。

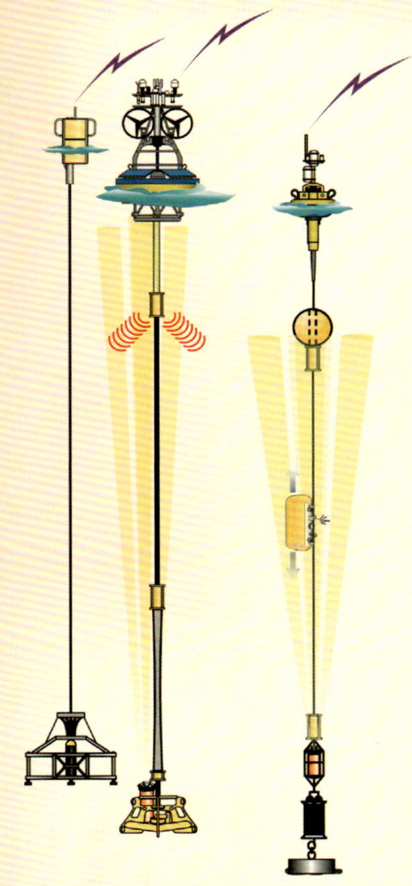

布放在海洋里的锚系浮标和潜标示意图

浮标的供电

锚系浮标可以通过太阳能面板或小型风机给主浮体上的传感器供电，而主浮体上传感器所采集的数据则通过射频或卫星通信传输至岸上实验室。而潜标由于淹没在水下，以前只能通过电池供电，数据也只能存储在传感器内部，等到回收后才能读取。由于不能长时间供电和实时数据传输，因此需要较为频繁地定期更换和维护。现在有了光纤电缆连接的海底观测网，可以将潜标与之连接，从而实现电源的持久供给和实时通信。

浮标和潜标组成的海上漂浮的观测站可以在恶劣的海洋环境条件下，无人值守地长期、连续、同步、自动地对海洋气象、水文、水质、生物等诸要素进行全面综合监测，具有其他海洋调查方法无法替代的作用。

矗立在海上的观测塔

说到气象站，大家可能会立即联想到天气预报。确实，电视和电台中发布的天气预报数据，就是来自分布在全球各地的气象站。这些气象站内装备了各种气象观测仪器，能对大气温度、湿度、风向、风速、雨量、气压、太阳辐射、能见度等气象参数进行全天候监测。我们熟知的气象站大都分布在陆地上，那么，海上有没有类似的气象站？其实，海洋与陆地一样，同样也有能对海洋气象进行监测的气象站，它们就是矗立在海上的观测塔。

全方位的立体观测

海洋观测塔是一种近海海洋固定观测平台。完整的海洋观测塔的配置构成，一般包括能源供给、通信、观测、导航、居住、运送（如直升机起降平台和小艇停靠码头）、消防安全、监控等方面的设施。观测设施又分为水上观测和水下观测。水上部分的主要功能为海洋气象和大气环境观测，其中安装了多种气象要素传感器，分布测量风速、风向、气温、气压和温度等气象要素，有的还配备了地波雷达，能对海浪进行大面积监测。水下部分的主要功能则是对海水环境的观测，其中安装了多种水文、化学和生态传感器，分布测量波浪、潮流、潮位、海温、盐度、营养盐、叶绿素等多种海洋环境要素；还可以在海底安装测斜仪、加速度传感器、孔隙水压力计等，实现对海床运动的长期监测。可见，海上观测塔可实现从大气、水层、沉积层到海底的长期全方位立体综合观测。

各国建设的观测塔

目前，世界上许多沿海国家建设了数个大大小小的观测塔。如德国分别在日耳曼湾、波罗的海、北海等海域建设了观测塔；我国在广东茂名博贺港南面约6千米的海床上建设了总高度53米的观测塔，在西沙永兴岛建设了海气通量观测塔。相较而言，韩国的海洋观测塔是目前同类规模较大、数量较多、功能设施较齐全的观测平台。以位于韩国济洲岛西南近海苏岩礁观测塔为例，该观测塔高77米，约有15层楼高，并配有直升机停机坪；观测塔的能源供给主要包括太阳能、风力发电，以及两台柴油发电机等；塔上还配备了淡水收集和供水系统、海水淡化装置等，可供8名人员驻守两周时间。韩国苏岩礁观测塔建成以来，获得了大量宝贵的海洋环境长期观测数据。

Fino1海洋观测站

Fino1海洋观测站是德国在波罗的海上建造的一座海洋观测站，位于水深25米处的海域。该观测站的独特之处在于，它完全坐落在一个从海底建造的人造塔上。塔上不仅建有气象站、实验室，还建有直升机停机坪。水面以下的塔身部位则安装了各种海洋传感器，用于对海面以下环境的连续立体监测。

水下滑翔机

滑翔机是一种没有动力装置的航空器。它能在空中飞行，主要依靠自身的重力来获得前进的动力。由于没有动力装置，滑翔机必须依靠飞机拖曳起飞，也可用绞盘车或汽车牵引起飞，或者借助高处的斜坡下滑到空中。受滑翔机不需要动力就能在空中滑行的启发，美国物理海洋学家亨利·施托梅尔于1989年设计出了水下滑翔机。

为延长滞空时间，滑翔机的机翼通常设计得较为狭长，机身则呈细长的流线型，以提高升阻比，减小飞行时的下滑角。

水下滑翔机是怎么在水下航行的

滑翔机和水下滑翔机航行的介质分别为空气和水，虽然都是流体，但还是有很大差别的。水下滑翔机为了适应水下环境，设计上和滑翔机有些不同，最大的不同在于没有安装螺旋桨。那它是怎么在水下航行的呢？原理其实并不复杂，水下滑翔机是依靠自身的浮力来驱动的。正如鱼类是通过鱼鳔的收缩和膨胀来调节自身密度，从而实现上升和下沉的，水下滑翔机也采用了同样的方法。水下滑翔机的"鱼鳔"是一个安装在外部的油囊，它在重力作用下到达预定深度完成任务后，便会将机体内的液压油压入油囊中，由于油囊体积增大，浮力也随之增大。当浮力大于重力时，通过计算好的俯仰角，水下滑翔机便能在上浮的同时向前滑行。水下滑翔机的尾部有一个长长的杆状卫星天线，在汪洋大海中，它能凭借卫星系统与岸上监控中心的技术人员保持通信联系。当水下滑翔机抵达水面，会把尾巴翘起来，将收集到的数据传给卫星，之后它会收缩油囊，使浮力小于重力再次下沉，继续在大海里畅游。

水下滑翔机前进的路径

滑翔机观测网

水下滑翔机无需动力装置，能量消耗非常低，仅在调整浮力和姿态时才会消耗少量电力，因此续航能力十分强大，可在海洋中连续潜伏数月；又由于它的制造及维护成本低廉，且自主可控，近年来在国内外受到极大关注，已发展成为颇受青睐的海洋观测平台。水下滑翔机搭载了很多传感器，可实现对海水物理、化学、生物、光学等环境参数实时高分辨率的持续观测。通过布放多台水下滑翔机，形成编队，则可形成滑翔机观测网，大大扩展了单机观测的覆盖区域。水下滑翔机有效地提高了海洋预报的精度，在极端气候灾害预警方面发挥了重要的作用。同时，由于噪声小、隐蔽性好，且能够大量部署，因而在军事上也有很大的应用价值。

“海翼号”深海滑翔机

我国水下滑翔机研究工作起步较晚，但发展速度很快。2017年3月，由中科院沈阳自动化研究所自主研发的“海翼号”深海滑翔机，在马里亚纳海沟完成了大深度下潜观测任务并安全回收，其最大下潜深度达到了6329米，刷新了水下滑翔机最大下潜深度6000米的世界纪录。

中国新型“海翼号”深海滑翔机

在海底爬行的“坦克车”

坦克是现代陆上作战的主要武器，有“陆战王”之美称。坦克车采用履带行走，能够平稳、迅速、安全地通过各种复杂路况。由于接地面积大，所以在松软、泥泞路面上行进时，不会陷入路面下；同时由于履带板上有花纹并能安装履刺，所以在雨、雪、冰等路面或上坡时能牢牢地抓住地面，不会滑转。但是你知道吗？海洋中也有类似的能在海底行走的“坦克车”，科学家将它们称为海底爬行车。

移动的深海实验室

海底爬行车跟小型坦克一样，底部安装有履带，可以在不规则的海底地形中爬行移动。同时，海底爬行车上配备有摄像头、各类传感器和采样设备，能对某个区域范围内的海底及其附近水体环境进行高分辨原位监测、试验和采样，被誉为“移动的深海实验室”。

世界上第一辆网络操控的海底爬行车

“瓦利”是由德国不莱梅大学设计的海底爬行车，它是世界上第一辆依靠网络操控的海底爬行车，主要用于观测水合物区海底水文、甲烷气体含量及沉积物特征。它通过与加拿大的“海王星”海底观测网连接，可获取源源不断的电力供应和连续实时的数据传输。操作员通过计算机远程遥控它的运行。2016年，德国人工智能中心给“瓦利”配备了一个全新的激光成像系统，能对海底进行激光扫描，得到分辨率高达1毫米的海底图像，用于探测海底甲烷水合物出露层的形状和大小。

美国蒙特雷湾水生生物研究所研制的海底爬行车

海底漫游者

美国蒙特雷湾水生生物研究所研制了一种能在6000米深海工作超过6个月的海底爬行车——海底漫游者。它除了可以对沉积物和上覆水环境进行监测外，前端还安装有两个能插入海底泥土中的呼吸计腔，用于观测底栖生物群落的耗氧量；同时左舷安装有高分辨率数码相机，右舷安装有200瓦的闪光灯，实现每移动一米拍摄一张照片。科学家通过拼接这些照片，研究海底生物的种类与数量。但美中不足的是，该海底爬行车需要依靠自身携带的电池供电，无法做到长时间“蹲底”观测，并且观测数据也不能实时传输。

图书在版编目(C I P)数据
大洋钻探与海底观测 / 吴自军，拓守廷编著. —上海：
少年儿童出版社，2018.4
（深海探索）
ISBN 978-7-5589-0227-7

Ⅰ.①大… Ⅱ. ①吴… ②拓…Ⅲ. ①深海钻探—普及读物
②海底测量— 普及读物 Ⅳ. ①P756.5-49 ②P229.1-49
中国版本图书馆CIP数据核字（2017）第162659号

深海探索
大洋钻探与海底观测
汪品先 主 编
吴自军 拓守廷 编 著
陈艳萍 装 帧

责任编辑 熊喆萍 美术编辑 陈艳萍
责任校对 陶立新 技术编辑 陆 赟

出版发行 少年儿童出版社
地址 上海延安西路1538号 邮编 200052
易文网 www.ewen.co 少儿网 www.jcph.com
电子邮件 postmaster@jcph.com

印刷 上海锦佳印刷有限公司
开本 787 × 1092 1 / 16 印张 3
2018年4月第1版第1次印刷
ISBN 978-7-5589-0227-7/N · 1068
定价 30.00元